Les

巴黎女生·包包私设计

Les sacs des Parisiennes

Editions de paris 编著 孙萌萌 译

巴黎女人是如此地重视个人风格。
对她们来说，包包仿佛就是另一个自我。
家人照片、幸运小石子、旋转木马的票根……
她们在自己的包包里
装满让自己感到幸福的神秘宝贝。

她们对包包非常挑剔。
古典优雅、鲜艳印花、质感皮革，
个性设计、天然材料，每个人坚持的方向都不一样。
自己的改装也很有趣，系上一条丝巾，别上几个徽章，
巴黎女生就是这样喜欢“独一无二”。

从明天开始，
你也可以运用巴黎女生的包包秘诀了。

Pour les Parisiennes qui tiennent à tout prix à être originales, les sacs sont comme leur double. Elles glissent dans leurs sacs préférés les petits trésors qui leur portent bonheur : une photo de son amoureux, un gribouillage de son enfant, un caillou en guise d'amulette, ou encore un ticket de manège…

Les Parisiennes choisissent leurs sacs avec un soin particulier : Un vintage chic, un imprimé de fleurs printanières, un cuir souple et travaillé, un design original, un matériau naturel… Chacune a ses préférences et un goût bien à elle. Les Parisiennes adorent aussi customiser leurs sacs avec des gris-gris, un foulard ou un badge… Elles s'amusent, font jouer leur créativité et aime déclarer « mon sac est unique au monde ».

Amusez-vous à regarder leurs sacs et découvrez ce qu'elles y cachent !
Et à vous maintenant de leur dérober mille et une idées, de vous glisser dans leur peau, de saisir leur esprit et d'être à la mode des Parisiennes !

Sommaire

PARIS
BEIGBEDER

chapitre 1

Les sacs faits main par les créactrices parisiennes

巴黎女生的手工包包

巴黎女生非常喜欢把自己打扮得漂亮，
就连包包也喜欢独具创意，力求与众不同。
下面，我们就向您介绍几位设计师的原创设计及其制作方法。

Sacs romantiques
et originaux
Valérie Roubaud

糅合巴西与法国南部风情的原创印花杂货与手提包

Valérie Roubaud　杂物・包包设计师

Lale品牌使用原创设计的印花布组合搭配制作各种杂物与包包。这些印花布图案丰富，有紫玫瑰色小花图案，也有经典的条纹设计，还有的在圆点设计上添加了碎花。其设计风格既有怀旧复古的优雅，又有少女的可爱，还迎合了时尚与流行。Valérie 设计的作品包括靠垫、装饰三角旗、挎包、旅行包等，她自信地游走于室内设计与时尚设计之间，出道一年，就聚集了众多人气，作品已经出现在法国时尚童装品牌Bon Ton的店铺、PAINDEPICES的品牌店以及一些杂货店的柜台上。

“Lale是我小时候的昵称。”Valérie曾作为设计师与顾问长期活跃在时尚界，2008年，她创建了个人品牌。而创建该品牌的原因非常简单，“我想把外出旅行时淘来的杂物出售掉”。Valerie说：“我最喜欢南部法国和巴西，也非常热爱巴西的大众艺术。十几岁的时候，我一直生活在巴西。在上海和香港的好友，也随时给我提供设计支持。”在她的工作室，望眼看去，到处都是各种可爱的杂物作品。

Lale的每一件产品都有一个故事。例如，左边照片中的包包名为“Germain”。“这是以居住在法国南部城市Avignon的祖父的名字命名的。这款包包再现了祖父隐居家中，整日以侍弄庭院之乐时使用的背包。祖父的背包里总是装满了烟丝与甘草。这款包包的包边与设计并不是十分精致，但是这也正是其可爱之处吧！”拿着作为品牌诞生象征的布制行李箱，Valérie说：“里面还隐藏着一个超级小的口袋，可以把自己的守护符等藏在里面。”灵感来自日式钱包的小包名为“NORIKO”，仿造50年代的保龄球包设计的旅行包则以美国好友的名字命名为“TED”。Lale的设计总能让人想起曾经深爱的那个人，或是让人回忆起童年往事、旅途记忆。她的作品总是能引起共鸣，其设计事业正在发展中。

www.lale.fr

Mon univers coloré avec gaieté et bonne humeur

Lale的工作室位于巴黎11区的一条小路上。工作室里挂满了来自她的第二故乡——巴西的地图、各种杂物，还有从各地搜罗来的各式各样的桌椅、复古帆船模型等。Lale打算从秋季开始把淘自海外的这些杂物进行挑选，然后添加到个人收藏中去。目前，靠垫、包包有七种原创印花款式，其代表作品是一大一小两个旅行箱。虽然是手提包，但是也可以做整理箱使用。这的确是一个非常巧妙的设计灵感。

Panier fleuri

用耳环做装饰的包包

镶嵌上花卉和小鸟造型的耳环
将质朴的手工编织篮变身为时尚包包！

matériel 材料

- 在玩具店发现的使用自然素材编织的篮子
- 在跳蚤市场淘来的耳环
- 彩色塑料绳
- 小布包（自制）

réalisation 做法

准备一个使用自然素材编织的篮子。

根据个人喜好进行喷漆。

把从跳蚤市场淘来的夹式耳环装饰在整个篮子上。

将彩色塑料绳进行色彩搭配，然后缠在提手上。

挑选一块颜色、花型搭配的布料，先缝制成一个小布包，再缝制在篮子里，一个时尚的手提包就完成了！

Sacs-oiseaux qui portent bonheur

Corinne Favalelli

从自然中获得灵感的“好运小鸟”包

Corinne Favalelli 室内设计·印刷设计师/杂物设计师

遥望圣心大教堂的绿意盎然的露台，可仰望碧空的大客厅，风中摇曳的兰花，作为点睛之笔的小鸟、花卉设计主题——身兼四职的Corinne就住在这个充满诗情画意的粉色公寓里。她的设计灵感来源于大自然中的各种动植物。

“我曾经在公司上过6年班，后来决定辞职创业，开办了这家室内设计兼印刷设计公司。”那间充满梦想色彩的儿童房和厨房的设计是她的得意之作。同时，她还为Habitat等品牌提供时尚绘画设计。此外，她还经营了一家名为“冬之妖精”的杂货店。“在为开办的公司寻找办公室的时候，刚好发现这家店铺的位置不错。”于是Corinne就开了这家店，出售自己喜欢的杂货或藏品。所售商品都是她亲自挑选的，非常适合装饰儿童房。Corinne的第四个身份，是人气设计师——设计各种极受大家欢迎的杂货小物。位于店铺地下室的工作室中，可爱的小鸟活动雕像身披美丽的印染布料，每天都挥舞着翅膀。“有一天，我的女儿们看到家里的缝纫机，便央求我给她们做点儿什么。我试着做了小鸟，每想到很可爱年！”这款小鸟一放到店里，立刻成为人气商品，销售一空。现在，包括儿童用品店等在内共有10多家店铺销售以这只小鸟造型为设计主题的产品。女儿们很骄傲的说：“妈妈的小鸟设计是我们的创意。” Corinne还把这些可爱的小鸟装饰到手提包上，在植物图案设计主题的布料上再装饰上布制小鸟。怀旧设计的花布包上，除了小鸟玩偶，还有四叶草、小猫。可爱的小鸟能带给人们梦想，这的确是一款能给人带来好运的包包！

www.feedhiver.com

将印花布进行拼接，缝制成一只可爱的小鸟。这只质朴的小鸟是女儿们的创意，也是品牌代表作。鸟儿带着可爱的表情，站在栖木上的样子，煞是惹人喜爱。右侧图片是使用粉白色墙壁的客厅。马赛克镶嵌的大面镜子无疑也是出自Corinne之手。大大的露台上，有一个木制小屋，在这里可以一边仰望星空一边工作。这只可爱的吉娃娃得到了全家人的宠爱。

Les oiseaux chantent, dans mon atelier...

Sac à gris-gris

点缀珠玉的复古手提包

复古花纹，四叶草装饰
浅吟轻唱的小鸟给人带来好运！

matériel 材料

- 自己喜欢的缎带、金属丝、别针
- 小鸟、大的串珠、四叶草等装饰配件
- 金属圆环、金属片、小串珠
- 缎带接缝压合配件等

金属丝的颜色要与缎带等各种装饰配件搭配。上述配饰均可在手工艺品店购买。

réalisation 做法

将上述材料组合，制作成三个装饰部分

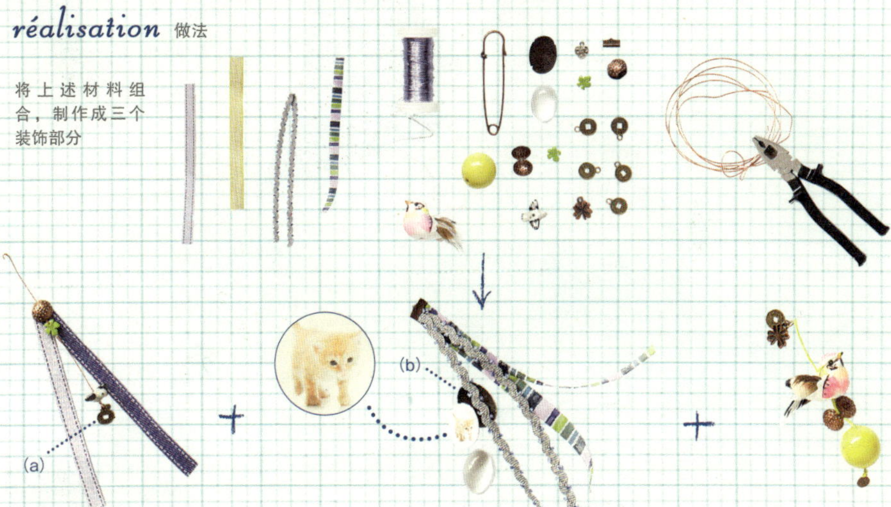

将金属丝穿过（a）部分，可以使用小串珠固定。使用缎带接缝压合配件将具与缎带结合在一起。

将两种缎带压合在一起，在其中的一根缎带上可以卡上铆钉装饰扣（b），里面可以放上心爱的照片。

在丝带前端系上大串珠，使用小串珠将小鸟固定在中间部位，根部装饰上四叶草。

将细金属丝缠绕在别针上；再将上述制作好的三个装饰部分固定在别针上；别针尾端再系一小段漂亮的缎带，大功告成！

Sacs modernes pour
filles modernes
Florence le Maux

多领域设计师推荐的面向都市女性的时尚手袋

Florence Le Maux　多领域设计师

Florence由于撰写了多本关于手作的书籍，而被大家所熟知。其作品内容包括使用水晶和丝带等制作饰品、使用照片制作剪报、服装定制等。从可爱的动物造型的玩偶到成熟性感的饰品、摩登时尚的服装设计，Florence的设计款式多样、手法多变。“我在学习了摄影之后，就选择了美术印刷设计的工作。现在依然从事着书籍等的版面设计工作。”Florence的手作创意充满时尚都会的味道，没有过多的繁杂的装饰，也无关童趣。这与她的独特的成长背景有关。

Florence从两年前开始收集包包，起因在于一本她出版于2006年的书——《包包与饰品》。在这本书里，介绍了40种包包和小饰物的制作。书的封面上有一个用桔色毛毡制作的超大尺寸的包包，可以放好多东西。“我在纽约、伦敦进行摄影工作时，就是带着这款包包，觉得非常满意。这本书一出版，就很多人来询问，都想购买这款包。于是，我就想收集属于自己的藏品。”从这款深受大家喜爱的“BILI”包开始，现在已经有小版的“BABY・B”，还有链条包、女人味十足的小挎包。每一季的设计都会添加一两个新元素，改变面料材质和颜色，藏品在一点点的增加。

外出度假时，Florence一定要去看看当地的跳蚤市场。即使在巴黎，她也非常喜欢去逛旺午门（Vanves）跳蚤市场。在她的工作室里，堆满了旧纽扣、串珠和布料等。使用珍藏的亚麻布与毛毡制作的限量版手提包，是Florence引以为豪的设计系列。

www.florencelemaux.com

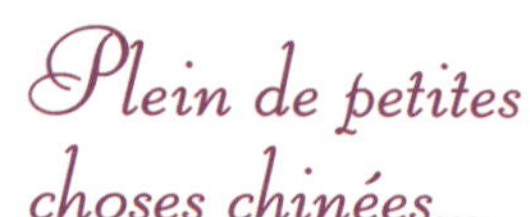

Plein de petites choses chinées...

金属色皮革是收藏的基本色与材料样本。各种色卡、装满旧纽扣和缎带的抽屉、筒管、印花布，都在讲述着Florence设计领域的广泛。第20页上的包包正是著名的“BILI”；左页右上角是链条包,上图为小手拿包。

Sac à draper

少女风格的皱褶包

充满少女气息的自然褶皱手袋
印花布料与丝带结合，制作出的可爱迷你手袋！

matériel 材料：

- 厚一点的布料（30×80cm左右）
- 织锦丝带(35mm宽，需1m长)
- 彩绳（长约70cm左右，2根，颜色与布料搭配）
- 绳索口、金属圆环两个

réalisation 制作方法：

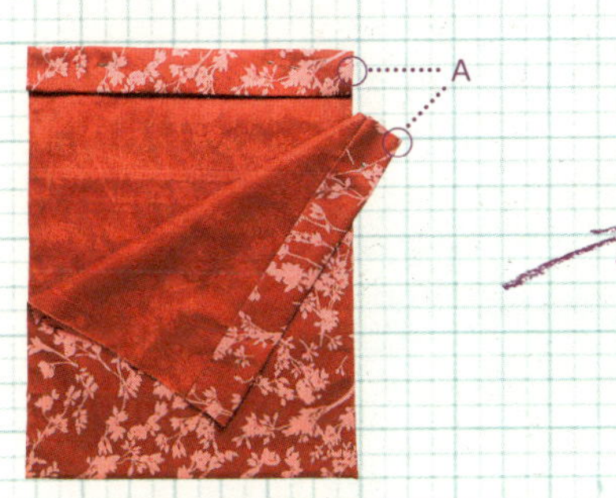

在布料两端做折边（A），分别折三层，折边大概有4cm宽，缝好。折边里面也可以夹上硬纸板或塑料板，起坚固作用。

将布料反过来衍缝，两边各留约1~1.5cm，需要缝两条平行线（B）。

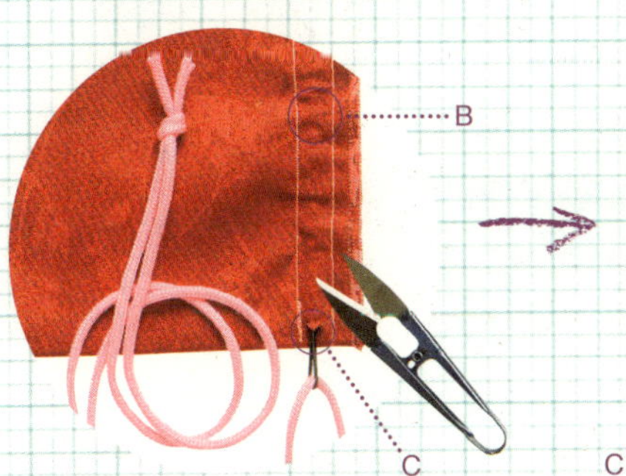

把绳子穿在两条平行线（B）里。在包的底端（C），用剪刀剪一个小口，让彩绳通过，将绳结缝好。

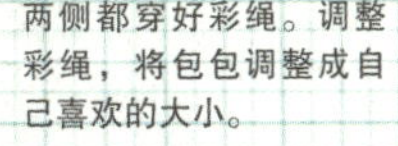

两侧都穿好彩绳。调整彩绳，将包包调整成自己喜欢的大小。

将绳索口安装在彩绳上，再用金属圆环和丝带制作提带。系上一个美丽的蝴蝶结，大功告成！

Visite de l'atelier

Où la passion des matériaux anciens se fait sacs

Jamin Puech

浓厚的巴黎古典时尚与堆满“宝物”的工作室

Benoit Jamin & Isabelle Puech　Jamin Puech 品牌创始人

Jamin Puech的设计自由运用各种素材与色彩，灵活运用毛毡材质，将古典与摩登、欧洲古典主义与波西米亚风格柔和。Isabelle Puech 和Benoit Jamin 两位情侣档设计师回归传统，重现工匠式的精细和繁复，重视细节设计的作品通过该品牌在东京与大阪的直营店，在日本受到广泛大众的好评。

走进位于巴黎九区的工作室，我们可以一探其设计秘密。这间工作室共有27名员工。整个工作室有四层，其中包括一层地下仓库，Isabelle Puech 和Benoit Jamin的办公室和大资料室都位于二楼。三楼是该品牌的展厅。在资料室里，摆满了各式镶珠、带扣、花饰、蕾丝等素材。Benoit说：“我很喜这些东西，都是从跳蚤市场或关门大吉的工作室那里淘来的‘旧宝贝’。”“从花饰、丝带减褪的颜色中可以获得新作品的彩色设计灵感。”他们的设计注重视觉效果。Isabelle说：“今年夏季发布的作品就是以黑人男人的黑白肖像为设计主题，而秋冬季推出的作品则以赌场的赌台为设计灵感。我们画设计图、挑选制作素材时，很自然地就会想到许多设计主题。”整个设计繁琐而有序：首先在巴黎的工作室制作出与实物一般大小的设计图与立体模型，然后在越南加工样品，最后在位于马达加斯加或印度的专属工厂进行生产制作。“每个国家都有自己擅长的领域。皮革、绳编、刺绣等。我们每年都会去这些工作室，他们有成熟的技术，值得信赖。”

两人初出道时，曾跑到跳蚤市场上买回二手包来，然后一点一点拆开查看，仔细搜寻那些已经失传的技艺。他们还曾经委托南部法国的老奶奶们加工传统的刺绣与织品。即使时光再流逝20年，注重古老手工艺术的Jamin Puech包包也将愈久弥新，也紧紧俘获了时尚巴黎女性的心。

www.jamin-puech.com

这间大大的房间是Isabelle Puech 和Benoit Jamin的办公室，里面有两张桌子。为了绘图方便，特别订制了看板台。墙壁上贴满了设计图和样品。中间这张黑人男人的照片正是2009年春夏设计展的灵感源泉。架子上摆满了文件、资料，还有一些他们喜欢的装饰品。

La collection automne-hiver 2009

2009年秋冬展以赌场为设计主题，装饰有筹码与骰子的各式包包是其中的代表作品。在每一季的设计发布中，Jamin Puech都要推出近百种左右的设计。上图两张照片拍摄自三楼展厅。Isabelle Puech 和Benoit Jamin根据每一季的设计主题重新布置该展厅，其装修非常奢华。下图两张照片拍摄的是二楼的情形。通过质朴的天花板与没有经过修饰的墙壁、突出质感的木地板与屋门，都能让我们感受到Isabelle Puech 和Benoit Jamin的设计魅力。

古老的箱子如同一个百宝箱一样，装满了各式“宝贝”：看似过时滞销的花饰、漂亮的丝带缎带、纽扣与带扣、串珠与亮片……这些曾经流行的素材赋予Isabelle Puech 和Benoit Jamin新的设计灵感。从里衬的设计到外部纽扣装饰，他们都细致研究，不厌其烦地来往于工作室与工厂之间进行探讨。33页上部的照片是打样师与质检员认真工作的样子，他们正在根据图纸制作模型。

Jamin Puech
43, rue Madame 75006 Paris
tél 01 45 48 14 85

Jamin Puech Inventaire
61, rue d'Hauteville 75010 Paris
tél 01 40 22 08 32

Jamin Puech 日本取扱店情報
www.hpfrance.com

La naissance des sacs Jamin Puech

Les sacs d'aujourd'hui dans le Marais

cuir — géométrique — noué

cœur — Miumiu — cabas

Goyard — bonbonnière — rock' n roll

étoiles — métallique — photo

在巴黎街头见到的各式包包

chapitre 2

Les secrets des sacs des Parisiennes

secrets
sacs
des
nenes

巴黎女生包包的秘密

积极开朗的巴黎女孩儿们喜欢使用各种包包、旅行袋等，
这些包包里面还隐藏了她们与众不同的生活方式。
不必说她们引以为豪的各种包包藏品，就是从包包里面的小物件中
我们也可获取不少时尚灵感！

Sacs, c'est le vintage et la simplicité

Morgane Sezalory

大概在5年前用1欧元买到的古董包。黑色圆环搭扣原本是橘红色的，Morgane将其染成了现在的样子。

古董手提包，质朴又个性

Morgane Sezalory 二手商品销售网站站长

年仅24岁的Morgane一手包办二手货交易网站Les Composantes的全部工作， 从商品采购、类别选择，到拍照、网站设计，每个月会推出大约一百种左右的商品。“高中毕业后，我 边寻找自己喜欢做的事情，一边给店家寻找二手商品、广告设计，挖到了自己人生中的第一桶金。”大概在一年前，Morgane创办了这家购物网站，凭借在顾客们中的口碑，每月仅需几天全部商品就会销售一空，创造了网络销售的人气神话。还在读高中的时候，Morgane的审美眼光就得到周围朋友的一致赞扬。“无论是室内设计，还是时装搭配，我都很擅长进行组合搭配。因此在给网站起名字的时候就想到了‘Les Composantes’。”

Morgane是个身材高挑、苗条的大眼美女，清新舒适的着装、保守的款式再搭配上优雅的设计，总叫人感到眼前一亮。她身上的二手商品也有不经意的创新。“我每天都会根据当日所穿的衣服搭配合适的包包。例如，如果身穿正装或礼服，就会搭配有铆钉或缎带的包。”Morgane认为，手袋会给人们的着装增加亮点。她自己也收藏了许多小挎包，将它们或配合晚礼服，或是盛装重要物品、隐藏在大大的手提包中。无论到什么地方去，她都喜欢逛旧货摊、旧衣店、跳蚤市场，在家时则会浏览旧货批发网站，收集古董物品。她也有很多现代的名牌包包。对Morgane来说，每天的乐趣就是不断发现好东西。“我挑选的重点，就是能衬托女性之美的漂亮物件。”她喜欢从古董中寻找灵感，诉说自己的梦想：“总有一天，我会创造自己的品牌。”

Les secrets du sac de Morgane

看看Morgane的包包里有什么

info perso

profession 二手货交易网站Les Composantes站长

adresse 巴黎郊区Courbevoie age 24岁 famille 独居

loisir 读书，喜欢阅读文学、心理学等各个领域的书籍。 URL www.lescomposantes.com

1. 笔记本，当有灵感或好的设计出现时可以马上记录下来。 2. 杂志*FLAVOR*。外出时一定会随身携带正在阅读的书，如时尚杂志*JALOUSE*、*Milk*、*VOGUE*等。 3. 零食。4. Petite Mendigote的小包，盛放化妆品。 5. 钱包。 6. 数码相机。 7. 钥匙。原来没有钥匙扣，在马上捡到一个貌似酒店门牌号的东西，就把它挂在钥匙上了。 8. 备用眼镜 9. 化妆镜 10. 口红、唇膏、唇彩。 11. 手镯。12. Guerlain（娇兰）的口红。 13. MOLESKINE日记本 。14. 个人手作包时订货用的皮革样品。

Q&A

Q1. 这是在哪里买的包包?

这是在伦敦的布鲁克林附近淘来的二手包。

Q2. 你拥有这个包包已经有多久了?

已经有3年了。

Q3. 你平时都是怎样使用包包?

我会根据每天穿的衣服搭配合适的包包。这款包很大，皮革柔软，我平时很喜欢用它。

Q4. 能描述一下你的第一个包包吗?

大概是在14岁的时候，我在跳蚤市场上花了14法郎买了一个长方形的皮包，皮质比较薄。现在还在用着。

Q5. 大约拥有多少个包包?

50到60个吧。不仅有二手的古董包，也有现在的品牌包。

Q6. 可否讲一下有关包包的闲闻逸事?

我妈妈是一个很优雅的人，拥有许多品牌包包。我们姐妹俩经常借用妈妈的手袋，当然妈妈也会用我们的。大家就这样借来借去，交换使用。

Q7. 挑选包包时，你的原则是?

能把需要带的东西和买的东西全都装进去，还能把双手解放出来。我不喜欢铆钉、金属扣等装饰。因为我觉得不带有金属装饰的包格外给人一种纤细、雅致的感觉。

Un sac souple, pratique et chic !

cuir tressé

这也是一款古董单肩背包，皮革编织令黑色背包更加生动。它的实际容量要比看上去大，能盛装好多东西。Morgane平时非常喜欢使用这款包。

Ma collection de sacs 包包收藏

妈妈送的夏奈尔经典背包，能让人瞬间优雅变身。后面两款包包能给人的装束增加色彩，令全身更加亮丽。

上个月购买的GAP的大手提包，可以做购物袋使用。

Morgane对这款包的颜色一见钟情，购买于3~4年前。这是Vanessa Bruno的一款皮包，又大又好用。

公文包式样的大手袋，适合正装，再搭配一双红色鞋子，将女性的干练与优雅发挥得淋漓尽致。

Sac habillé avec un nœud blanc...

plus chic

左图中的包包是妈妈送的鸵鸟皮手袋。即使全身上下没有什么装饰，但是一拿上这款包，立刻就会变得优雅得体。 上图中的蓝绿色手拿包装饰有白色蝴蝶结，与上衣搭配的完美无缺，适合外出。

Sacs stylés choisis par une créatrice

Laure du Chatenet

左侧的夏奈尔的单肩背包是丈夫送的礼物。右侧是下一季将要推出的一件样品，是一款印有古代肖像的布包。

经受岁月考验的设计师包包

Laure du Chatenet 室内设计师

Parisienne_02
Laure du Chatenet

Laure是一位设计师，她将凝聚美妙时光魅力的老物件加入到现代品位中。那些如同笼罩在南部法国的阳光中的朦胧色彩，或许只有在古老的图书馆才会有的动物、昆虫的插图，贵族祖先的肖像等，无一不在她的手中散发出时代感。Laure之前是一位古董拍卖师。由于工作中经常接触古董家具、绘画作品，久而久之难以抵挡它们的魅力，于是毅然放弃了原来的工作，创立了个人品牌Maison Caumont。Laure喜欢有自然质感的家具设计，还从古老的版画中汲取灵感，设计了一些亚麻织物和家居杂货，以时尚设计杂志为中心吸引了众多粉丝的注意。

Laure非常喜欢包包。无论是使用老土布缝制的包、有年代感的皮包，还是手工制作的、带有美丽拎带的包，各种样式稳重大方的包包摆了一大排。Laure说："我规定自己只在2月、9月、圣诞节和夏天的时候购买包包，否则一定会买很多。"现在，她购买包包的狂热度已经有所下降。原因很简单，丈夫送了一款夏奈尔的单肩背包给她。"雅致保守的设计，尺寸大小以恰好能放进所需物品为宜，不是太大，也不是太小。"所以这款包包成了Laure的最爱。"不过周末度假时我不会用它，这是个适合都会的包。"

"我觉得包包一定要美丽优雅，轻便实用，想找的东西能立刻找到，用起来不麻烦。"Laure说她正在设计下一款包包。"我正在做手提包设计。虽说是第一次做这种设计，但是我还是会以自己能否使用为标准，对此还是还有信心的。"她的作品中，有混合了18世纪与70年代风格的印花布包，也有改良的军装风休闲包。对这位"我为包包狂"的设计师的作品，我们充满期待！

Les secrets du sac de Laure

看看Laure的包包里有什么

info perso

profession 室内装修品牌Maison Caumont设计师　**adresse** 巴黎10区

age 37岁　**famille** 一共5口人，丈夫、两个女儿（13岁、6岁）、8个月大的儿子。

loisir 到跳蚤市场淘宝、搜罗古董　**URL** www. maisoncaumont.com

1. 太阳镜。2. 新款印花布的样品本。3・9. 自家品牌的笔记本，以古老的肖像和版画为设计题材。封面拆下来之后可以做卡包使用，可以存放各种店铺优惠卡、书报文件等。因此经常随身携带两到三本。4. 记事本。5. U盘。6. 笔。7. 唇蜜。8. 黑莓手机。10. 钱包。11. 工作需要用到的家具、设计需要用到的油漆的色本。12. 笔袋。13. 汽车钥匙。14. 日记本。15. 自家品牌制作的书签，经常拿来用作名片。

Q&A

Q1. 这是在哪里买的包包？

这是JEROME DREYFUSS的包。

Q2. 你拥有这个包包已经有多久了？

大概3年了。软软的、很有复古感觉，非常喜欢。里面有好多小口袋，能把各种笔记本、记事本全部装进去。

Q3. 你平时都是怎样使用包包？

带的东西如果比较多的话，就用这个包。特别是在拥有那款夏奈尔的包之前，我经常使用这个包。

Q4. 能描述一下你的第一个包包吗？

好像是3岁的时候，我拥有了第一款包。我记得是一个苹果绿色的塑料包。我对那个包记忆深刻，现在还能大概画出它的样子。真得很喜欢那个小包，但是很遗憾，不知道后来丢在哪里了。

Q5. 大约拥有多少个包包？

50个左右。

Q6. 可否讲一下有关包包的闲闻逸事？

有一个我童年时代很喜欢的包，是彩色塑料绳编织的，上面有很多花卉图案。

Q7. 挑选包包时，你的原则是？

我认为包是个人世界的一部分，所以每当我带着包包出门的时候，就觉得特别有安全感。如果没有带着包，我就觉得很不安全。

Ma collection de sacs 包包收藏

很喜欢的一个品牌——JAMIN PUECH的包，能放进很多书去，甚至连笔记本电脑也能装进去，很适合上班使用。

这是大概在四五年前，曾担任Celine设计师的朋友送给我的宴会包。没有被产量化生产，是限量版。

在南部法国的跳蚤市场淘来的二手布包，喜欢在休家或周末去乡下度假的时候使用它。

JAMIN PUECH的包，大概是在7前年购买的。适合周末外出、带的东西少的时候使用。

Sacs girly et imprimés d'une fan de Liberty

Annabel Winship

淡蓝色包包是从印花杂货铺买来的购物包。粉红色皮包是她和朋友Nicole Van Dyke合作定做包。

少女风格的鞋与包是服装搭配的亮点

Annabel Winship 女鞋设计师

大胆运用英国国旗图案设计的船鞋、金属色的长筒靴、碎花图案设计的运动鞋，这些都是女鞋设计师Annabel Winship的作品。作为一位同时拥有英法两重国籍的设计师，她的设计风格中洋溢着糅合了摇滚风格与少女情怀的英伦时尚。Annabel曾担任法国时尚品牌STELLA CADENTE的首席设计师，之后又投身女鞋设计。Annabel说：“我一直没有找到一双兼具质地柔软、穿着舒适、颜色漂亮、款式别致等优点、绝对称得上“称心如意”的鞋子。”她自创品牌立后，在短短三年时间里迅速走红，现在已进入Le Bon Marché和Galleries Lafayette等大型百货公司。

Annabel自称是“印花布迷”，尤其喜欢碎花图案。“我最喜欢的东西，是在伦敦的皇家保证店 Liberty购买的丝网印刷购物袋。这款购物袋正好能放入一个鞋盒，很适合我工作时使用。我简直是爱不释手呢。”据说她平时总是把这个购物袋折叠起来放在手袋中。Annabel认为选择包包和鞋子，一定要选择颜色鲜艳的。“无论是牛仔装扮，还是一身黑衣打扮，如果包包和鞋子选用鲜亮的颜色，可以给全身装扮增光添彩。”出门的时候，她从来不让鞋和包是同一个颜色。

“我习惯用手缝的小碎花包包来整理大包包里的东西，所以不是很在意大包包里面的格局、口袋等功能。”但Annabel对包带长度很又要求。“我平时总是以自行车代步。所以一定会选侧背包或手把比较短的包。”她的第一个女儿即将出生了。“考虑到将来带着宝宝出门，所以今后一定还会在包包里再放一个尺寸大大的包，用来盛放各种宝宝用品。”

Les secrets du sac d'Annabel

看看Annabel的包包里有什么

info perso

profession 女鞋品牌Annabel Winship的设计师 adresse 巴黎郊外Courbevoie

age 34岁 famille 男友、即将出生的女儿，还有3只猫。

loisir 爱好摇滚音乐，经常听演唱会。 URL www. annabelwinship.com

1. 一定要携带的备用鞋，装在手工缝制的印花布袋里。 2. iPod，也用印花布袋装着。 3. 巴黎地图。 4. 星星图案的零钱包。5. 用印花布包装好的药盒，由于正处于孕期，需要随身携带医生开出的肠胃药。 6. 太阳镜和LV的眼镜盒。7. 手机。8. STELLA CADENTE的布质卡包。9. 正在阅读的弗雷德里克·贝格伯德（Frédéric Beigbeder）的最新作品*Au secours pardon*，该书揭示了广告业的种种内幕。 10. 粉红色划线笔。11. 挂有Hello Kitty挂件的车钥匙。12. 唇蜜。13. 笔记本。14. 眼镜。15. 护照。

Q&A

Q1. 这是在哪里买的包包?

这是朋友Nicole Van Dyke的作品。

Q2. 你拥有这个包包已经有多久了?

大概有1年半了。

Q3. 你平时都是怎样使用包包?

作为通勤包使用，通常会连续使用3周到1个月的时间。这样的包包有好几个，这是其中之一。包带很长，骑自行车的时候，可以将包带在车把上缠绕两圈。

Q4. 能描述一下你的第一个包包吗?

第一个包包……没有什么特别的印象了。

Q5. 大约拥有多少个包包?

50个吧。

Q6. 可否讲一下有关包包的闲闻逸事?

大概在我18岁的时候，有一次和两个好朋友去跳蚤市场，发现一款US包（帆布质地的斜挎包）。她们买下来，作为礼物送给了我。我真的是非常喜欢这个包，它有点儿军装风格。我又把它染成了桔色。后来，虽然破了，但是我还是舍不得扔掉，又缝缝补补，一直在使用。我在STELLA CADENTE上班的时候，每天都带着它，周围的设计师总是和我开玩笑说："差不多了，扔了吧！"

Q7. 挑选包包时，你的原则是?

包和鞋子都能给人的衣装打扮增光添彩。但是，包和鞋不能同色。

Ma collection de sacs 包包收藏

在GAP一眼就看中了这款包包的印花，毫不犹豫地买了下来。粉色丝带更是给这款包增加了些许少女气息。

两个日常使用的包：购物袋和在Brontibay Paris购买的印花布包。

这是一款冬季常用的手提包，是Nicole Van Dyke的作品，绿色镶边是其设计亮点。

盛夏季节，喜欢用这款充满自然气息的草编包。喜欢将物品用小布包整理好，所以不需要任何分隔与夹层！

Mère et fille, sacs à la parisienne

Caroline Wietzel et Pauline Durand

妈妈喜欢外观简单、内衬好看的皮包（左）；女儿则追求古典风味和与众不同的风格（右）。

巴黎时尚母女档的包包风格

Caroline Wietezel（妈妈） 自由撰稿人、设计师

Pauline Durand（女儿） 高中生

Caroline 担任*Marie Claire Idees*、*Vorte Maison Vorte Jardin*等杂志的自由撰稿人兼顾问，同时也时一位设计师。她说：“我在购买包的时候，并不是出于搭配衣服、鞋子的考虑，大多是冲动购物，仅仅因为喜欢这个包，就买下来了。”“我个人比较喜欢优雅、相对正统的款式。当然，颜色也要漂亮。打开之后，衬布也要漂亮。我每天走着去办公室上班，不喜欢背包里面乱七八糟的。我会用许多小包袋把东西分别装好，收拾整齐。”Caroline的包包里每天都会放把伞。“我家玄关的椅子上常常挂着5、6个包包，每周都要换两三次。所以，每次出门时，就要求包里面的东西一定要方便更换。因此东西一定要整理得整齐。”

受妈妈的遗传，17岁的Pauline也非常喜欢包包。她总是挑选和同学们不一样的款式，最喜欢古董包。“鞋和包要颜色搭配，要注意全身上下不能超过三种颜色。身上颜色太多，会让人觉得有些做作。” Pauline对着装打扮的见解颇为成熟。“妈妈送给我的COMPTOIR DES COTONNIERS的包包，是个样品包，所以在整个巴黎我是第一个使用这款包包的，好自豪。我还经常背着皮包去上学，都是清仓处理时淘到的宝贝。我最讨厌和别人用一样款式的包包。”外出游玩的时候，Pauline会搭配一件小挎包。“最亲爱的曾祖母送给我一个超级小的夏奈尔小包，我总是带它去参加晚会，或者用它搭配牛仔裤，也很有味道。”

Les secrets du sac de Caroline

看看Caroline的包包里有什么

info perso

profession 自由撰稿人、室内设计师 adresse 巴黎14区
age 43岁 famille 男友，两个女儿（分别18岁、17岁），还有一只黑猫。
loisir 跳舞

1. 无论走到哪里，都会随身携带的Mac笔记本电脑。2. iPod，在地铁中听音乐。3. 小包，盛装纸巾、阿司匹林等。4. 小包，盛装名片、身份证、保险证明等。5. iPhone。6. 雨伞，因为讨厌下雨，所以每天必带。7. 笔。8. 零钱包。很喜欢它的粉色真丝衬布。9. 皮革封面的日记本，记录预约。10. 笔记本，当有灵感的时候，可以做记录。11. 下班回家的时候购物用的折叠购物袋。12. 刻有资料的CD。13. 钥匙。带有大大的钥匙扣，方便从包包中寻找。14. 太阳镜。

Q&A

Q1. 这是在哪里买的包包？
GERARD DAREL。

Q2. 你拥有这个包包已经有多久了？
大概是两年前过圣诞节的时候，男友送给我的圣诞礼物。颜色很漂亮，还有很多内袋，很好用。我还很喜欢它优雅的造型。

Q3. 你平时都是怎样使用这个包包？
这是我冬天时用的包，是我的移动办公室。去上班、去编辑室的时候，常常带着笔记本电脑，就用这个包。

Q4. 能描述一下你的第一个包包吗？
那是一个金色皮革包，设计灵感来自那种放望远镜的小挎包。很遗憾，那个包已经不在了。但是，我觉得即使是现在用，也很时尚。

Q5. 大约拥有多少个包包？
大概15个。

Q6. 可否讲一下有关包包的闲闻逸事？
那个金色皮革的Miki Mialy的包，不仅颜色漂亮，我还很喜欢里面那个紫色的内袋。当然，最漂亮的是它的衬布。我甚至曾想用衬布的面料做一件外套。

Q7. 你挑选包包的原则是？
款式优雅，没有过多的装饰，大小适中，衬布好看。

Ma collection de sacs 1 包包收藏1

A.P.C的黄色包包，充满春天气息，小花衬布也很漂亮。黄色是一种和紫色、蓝色搭配的颜色。黄紫、黄蓝搭配，都让人觉得赏心悦目。

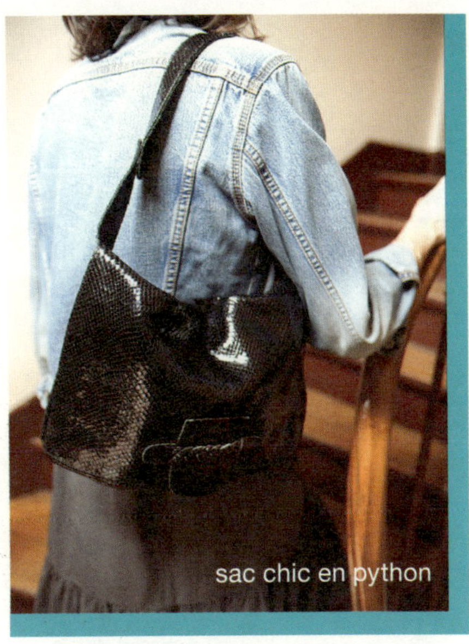

黑色蛇纹皮包，造型雅致，适合外出使用。大胆搭配夹克或军装夹克。

这款Miki Mialy的包带有复古风格，无论是连衣裙、还是西装裤，都很搭配。喜欢在夏季时使用。

这个包是男友送的礼物，百搭款，而且无论冬夏都适合使用。里面有若干个内袋，实用性极强。

Le sac de voyage de Caroline

Caroline的旅行袋

护肤水

百搭的牛仔裤

纯棉浴巾。上面喷洒了自己喜欢的香水，是一条很柔软的毛巾。

腰带

漂亮的小短裤

兰蔻
化妆水

手缝包，
装内衣用。

鞋袋

正装鞋
一双

古董项链

正在读的书

搭配短裤的两件衬衫

Q1. 有多少个休闲旅行包？两个休长假用的帆布旅行包，一个周末度假用的皮革旅行包。Q2. 这个包是什么时候购买的？5年前，从邮购杂志上看到购买的。Q3. 选择的理由是？我很喜欢它的颜色和质地。我还很最喜欢自己给帆布包加内衬。这款包包就加了，用的是床单常用的条纹布。Q4. 什么时候用这个旅行包？周末，和男朋友去海边度假的时候，或者外出几天采访的时候会用到它。我自己用亚麻布等布头制作了几个小包，分别盛放鞋子、化妆品、内衣等。我希望打开旅行袋之后，就能看到好多漂亮的小布包。Q5. 哪些东西是你的“旅行必备”？牛仔裤和蓝色毛衣。它们是最佳搭档，能很快地搭配出一身既优雅又舒适的装扮。Q6. 你喜欢的旅行用品是？契尔氏的葡萄柚泡沫沐浴露。小包装能用1周左右，非常适合旅行使用。Q7. 平均每年要外出旅行多少次？圣诞节的时候，会和家人一起出去度假1周。会和男朋友出去周末度假1次。夏天的时候，会出国度假3周。由于工作出差的话，每年大概有1到2次。Q8. 你喜欢的旅行目的地是？布列塔尼、圣马洛海滨。两年前，我曾经到过美国的佛蒙特，那里的自然与宁静真是太棒了，让我至今仍念念不忘。Q9. 你喜欢怎样的旅行？在拥有悠久历史的大城市漫步，欣赏它的美术馆和街头风景。或者到充满大自然气息的宁静海边，看看书，休闲度假几日，彻底放松自己。我喜欢同时具有文化气息与休养功能的旅行。

Ma collection de sacs 2

包包收藏2

在南部法国的一家小店里淘到的宝贝，木珠提带充满怀旧与浪漫。Caroline很想给它再加一个古董花布的里衬。

家人送的母亲节礼物，上面刺绣着“love”。Caroline又给它装饰上了徽章和围巾，以便于搭配衣服。

这是6年前在跳蚤市场淘来的。外层是经典的花布，浅驼色里衬，可两面使用。Caroline最喜欢周末背着它去购物。

8年前在南部法国购买的。虽然很难看到包包里面，但是作为夏季拎包，也不用在乎那么多啦！这款包的设计已经超越了流行，就像一位老朋友，非常喜欢用它。

J'adore le Chanel de mon arrière grand-mère !

mini Chanel

最亲爱的曾祖母送的夏奈尔小包，用它搭配牛仔裤，颇有雅酷的味道。

Les secrets du sac de Pauline

看看Pauline的包包里有什么

info perso

profession 高中二年级学生 **adresse** 巴黎14区
age 17岁 **famille** 妈妈、继父、18岁的姐姐，还有一只黑猫。
loisir 现代舞

Q&A

Q1. 这是在哪里买的包包? COMPTOIR DES COTONNIERS。Q2. 你拥有这个包包已经有多久了? 1年，妈妈送给我的生日礼物。Q3. 你平时都是怎样使用包包? 除了去上学的时候用，还能装跳舞用的东西，白天出去玩儿的时候也会用它。无论什么时候、无论去哪里，这款包都能派上用场。它是银灰色的，很百搭，可以搭配牛仔裤，也可以搭配连衣裙。总之，怎么搭配都合适。这是我的第一个“大人用的包”。Q4. 能描述一下你的第一个包包吗? 我的教母是一位平面设计师，还很擅长编织。我的第一个包，就是她送给我的。一个草莓形状的棉线编织包。Q5. 大约拥有多少个包包? 10个左右。几乎都是圣诞节或生日时收到的礼物，也有自己从二手店淘来的。Q6. 可否讲一下有关包包的闲闻逸事? 没什么特别值得讲述的。Q7. 挑选包包时，你的原则是? 出去玩的时候选择比较夸张一点儿的包，白天用的包则要内敛、含蓄一些，喜欢那种无论去学校还是去购物，都能用的百搭款。

1. 手机。2. 数码相机。喜欢漫步在巴黎街头拍摄一些另类照片。3. 钱包。4. 头痛药。5. 放学后外出游玩的时候使用的蜜粉。6. 上学路上听音乐用的iPod。7. 腮红、蜜粉刷。8. 樱桃图案的化妆包。9. 巴黎地图，方便寻找与朋友们约会的地方。10. 家门钥匙

Le sac de classe de Pauline

Pauline的书包

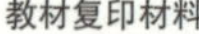

Q1. 上学用的包有几个？两个，一个帆布包，一个皮革复古包。Q2. 这个包是哪个牌子的？La Cerise Sur Le Gateau，订制的帆布US背包。Q3. 这个包用了多长时间了？两年前，妈妈送给我的礼物。Q4. 选择上学用的包的原则是？能把所有学习用品，特别是讲义夹，全都装进去。再就是绝对不能和其他人款式相同。Q5. 巴黎女孩们喜欢的书包是？最深受欢迎的是GERARD DAREL的皮包和Vanessa Bruno的亮片购物袋。Q6. 除了学习用品之外的必备单品是？拍照手机、听音乐用的大耳机、iPod touch和眼线笔。Q7. 与朋友之间经常谈论的话题是？经常谈论男孩子，还有星期六的晚上去哪里玩儿，再就是喜欢的衣服啦、最新流行的音乐啦。星期五的话题当然就是商量第二天去哪里，或者参加谁的派对。Q8. 放学后，经常和朋友们去哪里？天气好的话，去巴黎卢森堡公园。如果下雨的话，就在学校附近的咖啡店。星期六，会到艺术桥（Pont des Arts）那里聊天。星期三下午要去上舞蹈课，上课之前会先去购物。Q9. 一般穿什么样的衣服去上学？牛仔裤加运动鞋，黑色连衣裙搭配高跟鞋，或者用长筒靴搭配小西装。出门前要换好几套衣服，才能决定我今天穿什么去学校。每次都把房间里弄得乱七八糟，常常被妈妈骂。如果姐姐把衣服借给我，或者妈妈把自己不要的衣服给我，我会很高兴。我已经从妈妈那儿得到了一些衣物，例如一件A.P.C的礼服裙、一件masscob的上衣，还有一件Zadig & Voltaire的开司米毛衣。

Caroline Wietzel et Pauline Durand

Ma collection de sacs

包包收藏

清仓处理时，只用两欧元就买到的小挎包，只放零钱和地图。

妈妈给的铆钉装饰的帅气小包，适合搭配芭蕾鞋。

姐姐送的礼物，是一款星星主题设计的手提包，适合夏季使用。Pauline非常喜欢这款包。

Sacs originaux
et féminins
des jeunes créateurs
Marina Escoubet

左页是从网络上找到的Zin名牌包。下方是旧货，Vanina喜欢找个有小钱包的女用手拿包。

喜欢个性包，也爱女性古董包

Vanina Escoubet　时尚设计师

2007年11月，在巴黎当今最时尚的区域——北玛黑出现了一家小小的时装店Please don't。这是年轻的时尚设计师Vanina的工作室兼时装店。“我从学校毕业已有4年，依靠做舞台服装设计赚取了人生的第一桶金，在2006年的时候开始创建个人品牌。”这家小小的店铺里摆满了Vanina设计的服装，还有一些从事设计工作的朋友们设计的各种小饰物。当然，还有她四处淘来的古董包，每一件都极具女性优雅气质。“因为受到母亲的影响，我非常喜欢古董包，特别喜欢中世纪的设计和20世纪二、三十年代流行的款式。”这些古董收藏成为Vanina的灵感源泉，老花布、旧配件也在其新创作中发挥了巨大的作用。

Vanina的家就在圣马丁河附近，她每天步行、或骑自行车到工作室上班。有时也会搭乘地铁。店铺开门营业前，Vanina会先顺路去缝制工厂看看。“我会根据当天的安排选择合适的包，不过基本上都要携带两个包：一个相对较小的手提包和一个可以盛装布料、样品的稍大点儿的包。”她喜欢选择与自己兴趣相同的设计师的作品。“只选择适合自己的包，无关时尚与流行。”

Vanina还特别喜欢二、三十年代的优雅小挎包、晚装包。“在那个时代，女性身着高贵的晚礼服、手拿雅致小包，优雅地出现在各种晚会。在现代生活中，那种灯红酒绿早已不见踪影，为了缅怀逝去的时代，我们怎不能再拿一拿这种精致的小包，来重温那个时代的美好？哪怕只有一、两次机会，我也觉得很开心。”这些古董包包的魅力，既激发了Vanina的创作灵感，又赋予她似水柔情。

Les secrets du sac de Vanina

看看Vanina Escoubet的包包里有什么

info perso

profession 时尚品牌Please don't设计师

adresse 巴黎10区 age 27岁 famille 独身生活 loisir 骑自行车旅行

URL www. please-dont-couture.com

1. 口香糖。2. 小布袋，放太阳镜、发梳、NUXE的欧树蜂蜜唇香凝脂。3. 太阳镜。4. 笔记本，随时做记录用。5. 手机。6. 朋友从葡萄牙带回来的香烟。7. 钱包。8. 在海边捡到的小石头，做护身石，每天带在身边。9. 巴黎地图。10. 笔。11. 支票本。12. 公寓、时装店的钥匙。最喜欢这个大大的戒指形状的钥匙扣。

Q&A

Q1. 这是在哪里买的包包？这是一个好朋友的品牌，matieres a reflexion 。Q2. 你拥有这个包包已经有多久了？3年前买的，订购的。Q3. 你平时都是怎样使用包包？这是我常用的几个通勤包中的一个。去上班的时候，我会再带一个大包，把布料啊、样品都装进去。Q4. 能描述一下你的第一个包包吗？那是一个小挎包，肩带长长的，有一个圆形的史努比的图案。虽然小得什么都装不下，但是我总是背着它。好像是7岁的时候的事情了。Q5. 大约拥有多少个包包？通勤包和古董包加起来，大概有30个。Q6. 可否讲一下有关包包的闲闻逸事？去南美旅行的时候，我买了一个包。虽然有点儿羊膻味，但是由于是使用羊毛手工编织的，还有刺绣，非常漂亮。可是它与巴黎的日常生活格格不入，结果，买回来之后一次也没用过。一次失败的旅行购物经历，纯粹是旅行中的“一见钟情”。Q7. 挑选包包时，你的原则是？包包要大、材质柔软，能装入好多东西。但是，我又特别喜欢那些优雅的古董包。

Ma collection de sacs 包包收藏

来自马达加斯加的拉菲亚树纤维手袋，适合夏季出席各种晚会活动。

顾客人多，店铺生意忙碌的时候，最适合使用这款包包，可以随身携带贵重物品。

布包，喜欢在夏季的时候日常使用。这是COMPTOIR DES COTONNIERS两年前的夏季限量版。

一款适合夏季使用的包包。2年前，购买自在公寓附近的Antoine et Lili。Vanina喜欢出门购物时使用这个包包。

Saint Laurent的鳄鱼手袋，仅时尚黑色的包链就足以让人感觉满足。Vanina非常喜欢的经典设计之一。

通勤包，尺寸合适，皮革与棉布的拼接设计极具个性。

Sacs de marques
pour la vie
Clémence Lavigne

夏季通勤款：去年购买的爱马仕花园派对包搭配紫色连衣裙。这款小包，十分配搭牛仔装。

“星期五便装”的最佳搭档：品质优良的名牌包包

Clémence Lavigne　广告代理公司PR

Boulogne森林附近有一处庞大的现代建筑，其进口处设计得颇有办公大厦的风格，走进去却发现别有洞天，展现在人们眼前的是一个充满绿色生机的中庭。从Clémence与爱犬居住的公寓露台上正好能看到这个美丽的中庭。她每天开车到位于巴黎郊区的办公室上班，周末则回到妈妈家，享受骑马驰骋的乐趣。Clémence的妈妈在位于诺曼底的度假胜地Deauville经营一家杂货店。

四年前，Clémence初入社会，从事PR工作。她曾经做过手表品牌的推广，现任职于知名广告代理公司——agenceV。

Clémence说：“以前的工作环境，大家都追求优雅别致的衣装打扮，而现在的工作环境充满创造力，氛围与先前截然不同。”“我会依照季节与衣服颜色来选包包。”牛仔裤搭配衬衫，迷你裙配上高跟鞋，再加上质地好的正装包，就能打造出干净优雅的随性风格。

“与其买一些廉价低档的货色，不如精挑细选一些具有质感、颇具品位的东西。”Clémence认为包包可以代表持有者的身份，所以大多选用老牌名品包。中型尺寸的当作日常包，出门时则用手提包。“我绝不会购买那些便宜的包包，所以每次“下手”之前总是慎之又慎。”由于工作关系，Clémence每天都会浏览大量的时尚杂志，看到自己心仪的包包后，会再跑到店里，细细确认包包的大小、功能。等攒够“银子”了，Clémence就会出手。“我现在想要的包包？LV的夏季蓝色系Damier的CITYBAG！不过，我得看看我的钱包答不答应。”

Les secrets du sac de Clémence

看看Clémence的包包里有什么

info perso

profession 广告代理公司PR **adresse** 巴黎17区
age 27岁 **famille** 独自生活，和爱犬为伴
loisir 骑马

1. 数码相机。2. LV经典花纹钱包。3. 折伞。喜欢散步，但不喜欢淋雨。4. 钥匙，上面有埃菲尔铁塔的钥匙扣。5. 名片夹，上面的字母是用人造钻石镶贴的。6. 红色地址簿，也是LV的。7. 伊丽莎白·雅顿的8小时润泽霜，对于干性肌肤来说，是不可或缺的润肤品。8. 地铁线路图。9. 黑莓手机。10. 红色皮革外皮的笔记本。11. 化妆镜。12. 希腊守护神。13. LV小包，里面是口红和唇膏、笔等。14. hello kitty 的零钱包。15. iPod shuffle。16. Dior的口红。17. 护照。

Q&A

Q1. 这是在哪里买的包包？LV。**Q2. 你拥有这个包包已经有多久了？**6年了。**Q3. 你平时都是怎样使用包包？**去公司上班的时候，几乎每天都使用。这是使用频率最高的一个包。**Q4. 能描述一下你的第一个包包吗？**上中学的时候买的一个包，是FURLA的。那个包现在虽然已经不用了，但是我还是把它保存在妈妈家。因为它对于我来说，是第一个“女人的包包”。**Q5. 大约拥有多少个包包？**20个左右。**Q6. 可否讲一下有关包包的闲闻逸事？**大概10年前，我买过一个Vanessa Bruno的亮片购物袋，比现在拿的这个稍微小一点儿，帆布质地的，上面有很多紫色的亮片。买了之后，我一直使用，一口气用了两年，真的是很牢固耐用。现在当然还在用着。**Q7. 挑选包包时，你的原则是？**与其购买许多小的、便宜的包，不如选择一些值得信赖的品牌，即使少买两个也无所谓。我最讨厌仿品。

sacs de marques

左图中的这款Gucci包包，其细节设计与自己喜欢的骑马活动有关。就是由于喜欢这个细节设计，6年前将它买了下来。下图中的包包是Vanessa Bruno第二代亮片购物袋，上班、休闲都可以使用，“出镜率”颇高。初春时，一冲动就购买了。Clémence很少冲动购物。

Les sacs déterminent le style

Sacs simples pour toute la famille

Isabelle Dubois-Dumée

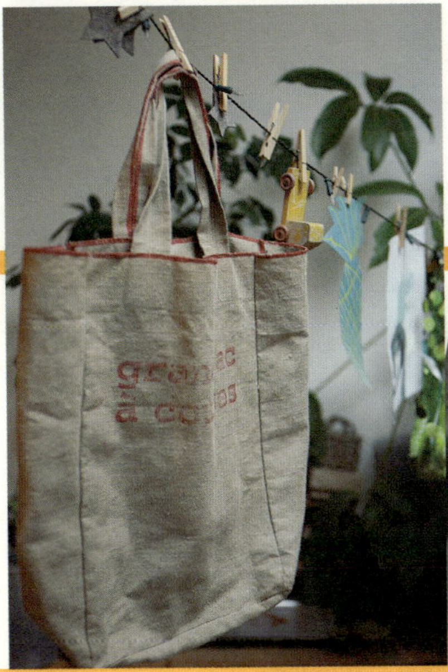

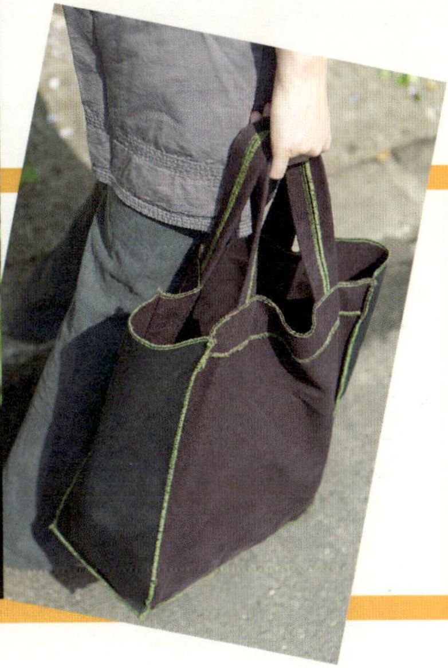

小学生书包当然也是妈妈设计的。一家人的同款购物袋是女儿们的骄傲。

巴黎妈妈们最爱的包包：材质自然，容量巨大

Isabelle Dubois-Dumée　日用杂货设计师

Paris enne_08
Isabelle Dubois-Dumée

巴黎郊外的Sevres市以国立陶瓷制造厂而闻名。日用杂货设计师Isabelle就住在这片宁静的地方，她家的房子原是一处古老的食品店。Isabelle将自己的设计命名为“小小购物”（Les Petites Emplettes），面向家庭设计各种充满自然气息的日用杂货品，产品在一家名为“serendipity & valluga”的店铺里受到人们的欢迎。砖瓦墙壁、木板门、横梁等，使整个住宅洋溢着古旧的感觉，这里直接通往Lsabell的灵感世界。各种各样的篮子悬挂在厨房的天花板上，架子上摆满了彩色铜版画和古董盘子。

Isabelle每天开车到位于邻近城市Boulogne的工作室上班，由于所带物品较多，每次都要带上三个包包。“除了通勤包、盛放书籍、笔记本的花布包，还有自己用毛毡制作的电脑包。每天都要带一大堆东西。”她打算自家品牌设计生产包包，个人收集了大量的亚麻布、毛毡等自然素材。“我有上百个包吧？有的是从跳蚤市场淘来的，有的是旅游的时候采购的，但大部分是考虑到外出旅行和参加活动聚会之需，自己亲手缝制的。”例如，这款卡其色花卉图案的手提包就是考虑到周末去朋友家拜访旅行而制作的。“如果经过实践检验，它们真的很好用的话，稍后会考虑品牌化生产。”

Isabelle说：“我喜欢那种大大的包。”她经常使用的手提袋、提篮都没有隔断，打开包包，就能“一览无余”。“我对手工制作包包有种近乎狂热的喜欢，难以忍受那些毫无个人特色的成品。甚至连纸巾包都亲手缝制的。”在Isabelle喜欢的大手提袋里装满了好多“宝贝”，它们被分别装入各种小包袋里。

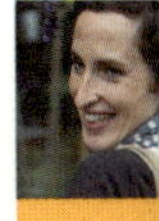

Les secrets du sac d'Isabelle

看看Lsabelle的包包里有什么

info perso

profession

杂货品牌 Les Petites Emplettes设计师

adresse

巴黎郊外的Sevres市

age

39岁

famille

丈夫、3个女儿（9岁半、7岁、5岁半），还有一条金鱼。

loisir

摄影

URL

www. lespetitesemplettes.com

1. 笔记本。2. 塑料卡包，放有孩子们的照片。3. 自己制作的小纸巾包，不喜欢使用买时所带的包装。4. 孩子们画的画。5. 钥匙 。6. 个人支票簿，外面的封套也是自己制作的。7. 小包，专门盛放旋转木马的门票。8. 花卉图案小包。9. 护照与手机。10. 名片夹与公司的支票簿。11. 笔袋。12. 笔记本与Leatherman的万能工具。13. 笔记本与眼线笔。14. 小包。15. 孩子们的塑胶头绳，口红，盛放化妆棉的小包。16. 卡包。17. 零钱包。18. 钱夹。19. 巴黎地铁路线图。20. 地址簿。

Q&A

Q1. 这是在哪里买的包包？这是我自己制作的。现在已经作为自创品牌生产了。Q2. 你拥有这个包包已经有多久了？已经有3年半了。那还是2005年的圣诞旅行的前一天，我自己动手缝制了这个包包。后来，作为日常使用的包包，我一直很喜欢用它，而且深受大家的好评。于是，我便决定把它生产出来。Q3. 你都是怎样使用包包的？因为它是用厚毛毡制作的，尺寸也很大，足有50×36×18厘米，所以我把它作为秋冬季节的日常包使用。Q4. 能描述一下你的第一个包包吗？那是我在14岁的时候，和妈妈一起缝制的一个包包，校园风格的背包。那是我第一次缝制东西。Q5. 大约拥有多少个包包？我想，大概有100个左右。Q6. 可否讲一下有关包包的“闲闻逸事”？我从小就很喜欢妈妈一直使用的那个包（74页a），总想把它弄到手。于是，经常央求妈妈：“给我用一下吧。”可妈妈总是不肯给我。最近，妈妈终于把它送给我了。我很珍惜。Q7. 挑选包包时，你的原则是？首先，我觉得手提包总是给人一种贵妇人的感觉，我不喜欢。其次，我认为容量够大、能把需要的东西全部装进去，是选择包包时的一个重要考虑要素。你在电影上也看到过纽约街头的女性们手拿那种大的包包，好像能把一切都装进去似的。就是那种感觉！

Isabelle Dubois-Dumée

Un grand sac simple, un vrai fourre-tout !

cabas simplissime

众多手提包中的一件，用一张柔软的整皮制成，自然的驼色。无论款式，还是颜色，都极其简约，绝对的Isabelle风格。

Notre collection de sacs

包包收藏

a. 妈妈送的一个软皮驼色包。喜欢那种已经用的旧旧的感觉。当Isabelle购物或漫步在巴黎街头时，最喜欢背这个包包。b. 自己品牌的包包，和孩子们一起外出时经常使用这款包。将手提带加长，斜背式设计，解放了双手。c. 在日内瓦的跳蚤市场上淘到的单肩军用背包，带的东西不多的时候使用。d. Isabelle去工作室上班时使用的包，盛装文件。

e. 编织包，皮革手提带。开车时把它放置在副驾驶席上，能迅速取出需要的东西，十分方便。f. 在摩洛哥马拉喀什淘到的羊毛毡包，在寒冷的冬季使用。开车外出时，可以放少量的东西。g. 这是最新藏品中的一件，上面印有表示7月、8月的“07”、“08”。没错，到海边吹海风时，一定要带上它。h. 自己品牌下的环保袋，上面写着“大购物袋”字样。

Les secrets du sac de la maman

看看妈妈的包包里面有什么?

当孩子们饥肠辘辘的时候，
当他们满身泥泞的时候，
都需要得到妈妈的帮助。
巴黎的妈妈们带着
孩子外出的时候，
包里一定要
装满各种必备品。
让我们一起看看
巴黎妈妈Isabelle的包里
都有些什么吧?

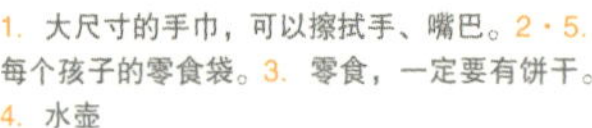

1. 大尺寸的手巾，可以擦拭手、嘴巴。2・5. 每个孩子的零食袋。3. 零食，一定要有饼干。4. 水壶

Isabelle有三个女儿，大女儿9岁半。“我和孩子们经常去附近的MEUDON森林玩耍。在森林里野餐、骑自行车、或是到水池边戏水，孩子们还喜欢到农场去摘果子。”对于喜欢户外活动的人来说，零食和饮料是必不可少的东西。于是，Isabelle给孩子们准备了色彩缤纷的水壶，盛装所需的饮料、水。还自己动手缝制了零食袋，给每个孩子带上喜欢的零食。而擦手、擦嘴用的大手巾，则更是一定要带上的。“我的包里还要放上Leatherman万用工具，方便剪摘花朵、树枝等，还有头绳、旋转木马的门票。”

对于精神旺盛的孩子们来说，除了零食和水，替换的衣服也是必不可少的。此外，还要有湿纸巾、救急包（处理小伤口的消毒药、创可贴）。夏天的时候，还要带上防晒上衣、防晒霜。如果要在外面住宿，还要带上Doliprane，这是一种常用的解热镇痛药。对于要带许多东西外出的妈妈们来说，这种大大的手提包真是不二之选。包包里面没有任何隔断，无论妈妈们想要什么，都能一眼看到，一下子就拿出来。

Isabelle Dubois-Dumée

sac géant

星期三，学校放假，就在家工作。和女儿们外出购物，最喜欢带上这种超大的包包！

Les courses en famille sont un moment de bonheur...

Sacs en accord avec la personnalité

Sophie Pfeffer

陶醉于艺术包包所展现的设计师世界中

Sophie Pfeffer 珠宝设计师

巴黎玛黑区保留了17世纪时的巴黎风貌，在塞纳河附近的一条小路上有一家门面涂成了蓝色的店铺。这里曾是一家古老的钟表作坊。现在，一个新的法国首饰品牌——5 octobre将其改造成了一家商品陈列室。该品牌以土耳其石、珊瑚等为主要设计素材。设计师Sophie Pfeffer坚持原始与摩登结合的设计理念，推崇纯粹的设计风格。令人难以置信的是，这位出色的设计师曾经是一位律师，有着8年的从业经历，2000年才转行投身于珠宝设计工作。

“我的妈妈在尼斯经营着一家精品店，所以，我从小就和时尚开始零距离接触。我喜欢各种各样的石头、珠宝，也喜欢那些时尚的小玩意。”怀着对时尚的怀念，Sophie毅然放弃了律师的工作，并在5年前开始创建个人品牌。虽然Sophie一直活跃在时尚界，但是她的设计总是能超越流行。她优雅、俏皮。“我认为包包应展现个性并能表现女性气质。”在给妈妈的精品店进货的过程中或在个人工作中，Sophie认识了一些设计师。“我被这些展现设计师风格的包包所吸引，因此经常购买他们的作品。”例如，津森千里的涡漩拉链包，设计得十分有趣。而JEROME DREYFUSS的包包则充分展现了色彩与皮革质感，非常漂亮。Sophie选择KLASICA的黑色单肩背包作为日常使用的包包，十分柔软，似乎与个人浑然一体。“我讨厌那种设计夸张的包包，认为理想的包包应方便实用、设计纯粹简洁、做工一流，能带给给人雅致之感。”

Le Petite Creation的小挎包，适合参加各种晚会。双拉链设计，极具功能性。

这也是一款Le Petite Creation的包，黑色皮革搭配粉色内里。Sophie喜欢在旅行或所带东西较多时使用。

Les secrets du sac de Sophie

看看Sophie的包包里有什么

info perso

profession 珠宝品牌5 octobre 设计师　**adresse** 巴黎郊外Nogent-sur-Marne
age 43岁　**famille** 5人大家庭，丈夫、两个女儿（分别13岁、12岁）、一个儿子（9岁）。
loisir 徜徉在美术馆，欣赏各种展览会。在自然中散步。　**URL** www.5octobre.com

1. 红色封面日记本　2. 喜欢的设计师之一津森千里的设计钱包　3. 夏奈尔的口红　4. 手机　5. 笔　6. Le Petite Creation的手拿包，做化妆包使用　7. 5 octobre最新设计的迷你介绍手册，代替名片使用　8. 化妆镜　9. 正在阅读的书，Paul Celan的诗集*Choix de poèmes*，书上放着自家品牌的耳环。　10. 可爱的布里克小熊　11. 产于图卢兹的法国传统甘草口味糖果　12. 钥匙　13. 太阳镜　14. 古钱币，可用于珠宝设计

Q&A

Q1. 这是在哪里买的包包?
我妈妈在尼斯经营一家店铺，其中有一个日本品牌KLASICA。这是在展览会上订购的。

Q2. 你拥有这个包包已经有多久了?
大概3、4年了。

Q3. 你平时都是怎样使用包包?
虽然偶尔也使用其他包包，但是几乎每天都喜欢用这个。我喜欢那种超越了流行的东西。

Q4. 能描述一下你的第一个包包吗?
在我15岁的时候，妈妈给我买了一个Drothee Bis的红色小挎包，有条流苏饰呢。

Q5. 大约拥有多少个包包?
大概15个，有皮革的，也有棉布的。

Q6. 可否讲一下有关包包的“逸事”?
我曾经在尼斯的跳蚤市场上淘到一个40年代的鳄鱼包。后来，我在巴黎陈列室的附近一家店铺里找到一个一模一样的包。而且，前一个包包里放着写有我巴黎住址的名片，而后一个包包里则有一张南部法国的卡片。真是令人感到不可思议。我把两个包包都收藏好，打算将来作为礼物送给两个女儿。

Q7. 你挑选包包的原则是?
我认为包能体现一个人的个性，要展示出女性气质。我个人倾向选择优雅、实用、具备一定功能性的包。

Le vert donne une touche de couleur à ma tenue...

Les sacs d'aujourd'hui à Etienne Marcel

在巴黎街头见到的各式包包

chapitre 3

Les boutiques de sacs à Paris

Boutiques de Sacs à Paris

在巴黎街头寻找令人心动的包包

设计活泼大胆的包、有光泽感的包、定制包、使用自然素材制作却充满时尚气息的编织包……巴黎女人的包包变化无穷。

让我们一起在巴黎街头寻找一款让自己心动的包包吧！

LOUISON

LOUISON

一家专售雅致的BCBG金线包的店铺

在巴士底的一条胡同里，人群熙熙攘攘，这里有许多酒吧和餐馆。当然，这里还有一家别致的LOUISON店铺。这家店铺以出售使用上等皮革并镶嵌金丝银线的精致BCBG包为特色，吸引了众多巴黎女性。自开业至今，这家店铺在这条热闹的胡同里已经经营了10年有余。店主Jack&Anie Joy夫妇希望自己的设计既时尚又略有夸张，并以祖母的爱称为名创建了个人品牌。其顾客群年龄跨度甚大，甚至有很多祖孙三代一起来挑选他们的设计。通常，她们在丰富的色彩中挑来挑去，最终会一下子购买许多大大小小、各种款式的包包。站在店铺的橱窗前，就能一下子望到里面的中庭。那份柔和与宁静，让人不禁想推开门进去一探究竟。

A 20, rue Saint-Nicolas 75012 Paris
T 01 43 44 02 62
O 火-土11:30～19:00
m Bastille,Ledru-Rollin
U louisonparis.com

1、各种规格、颜色丰富多彩的金线包。左排每件40欧元，右排每件35欧元。 2、动物主题的雅致小包，就算是大人拿在手里页会童心十足。 3、同色系的一组设计，给人微妙的色彩感觉。 4、这款名为“night”的小背包最适合参加各种夜间聚会，每件售价为78欧元。 5、这是一款以老式电话为设计主题的手拿包。 6、该品牌最具人气的两款设计。其中，茶色手提包的售价是100欧元，而银色亮线大手提袋的售价为108欧元。

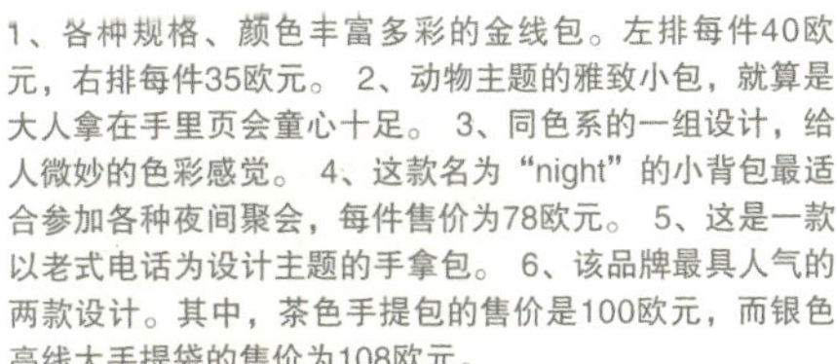

MUUÑ / Atelier Beau Travail

MUUÑ/L'Atelier Beau Travail

加纳的编织包遇到时尚之都巴黎的设计师

巴黎20区保留了巴黎的古典气息与情怀。当我们漫步在比利牛斯车站附近，走到一处缓缓的山坡小路上时，发现了一家名叫Atelier Beau Travail的工作室。设计师Delphine Dunoyer以全新概念和独特的方式重新演绎了深受女性喜爱的草编包，开辟出一个名为“MUUÑ”的设计空间，只在星期六作为营业店铺向普通顾客开放。包包采用上等的玉米皮为制作材料，在加纳的小村庄里完成编织制作。那里的人们掌握着高超的手工编织技术。Delphine说“我希望通过在传统技术的基础上再辅以全新的细节展示和崭新的色彩运用，从而使加纳精美的手工制品重新得到世界认识。”在春夏、秋冬两次展示会上，每次都会推出三个设计主题，每年大概要发表50件新作品。在比利牛斯车站附近的这家店铺里，我们只能看到并购买到其中的部分设计。这家店铺秉承fair trade的精神，值得前去一看！

A 67, rue de la Mare 75020 Paris
T 06 85 84 58 11
O 六 14:30～19:30
M Jourdain
U www.beautravail.fr/blog/

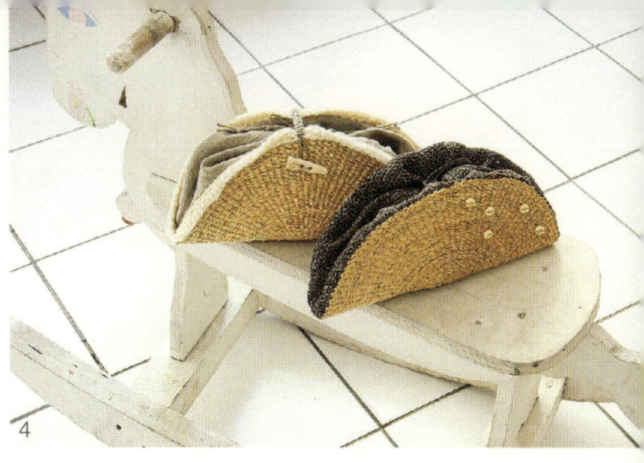

1、使用加纳传统技术手工编织的包包，将羊毛、棉布等与编织素材巧妙搭配，全新演绎草编织包的自然风格。其丰富的变化让人感受到草编包的设计存在无限的可能。 2、紧随时尚的色彩运用，具有迷人的魅力。 3、该品牌的设计师Delphine与品牌创始人之一片野美帆。 4、全新设计的草编手拿包。 5、包包之外的其他设计作品也可以按照合理的价格购买。

petite mendigote

petite mendigote

让少女们怦然心动的包包

在Saint-Germain附近的Dragon街，出售各种时尚别致小物、鞋子的店铺鳞次栉比。在这些店铺中，petite mendigote 以挂满各色小物、格外可爱的橱窗最为引人注目。店铺内摆放着圆桌、沙发，宛如公寓中的一室。从日常使用的单肩背包、小包，到搭配时装的手提包、旅行袋，渗透了每一个女人生活点滴的各种包包都在这里有所呈现。这家店铺以“坚持赫本时代的女性气质”为理念，采用印花棉布、皮革等天然素材，坚信一定要有“秘密的细节设计”，例如包包里面附有小型化妆镜，或有拉链装饰，或有里布的花型别具特色。而这种“秘密的细节设计”正是巴黎女性的至爱。从情窦初开的少女，到花甲之年的老妪，petite mendigote 的客户跨越了年龄的限制。无论芳龄几许，每个女人的内心深处都还有一颗少女的心。而这正是这家店铺打动人心的地方。

A 23, rue du Dragon 75006 Paris
T 01 42 84 20 07
O 一13:00~19:00 二-五11:00~19:00 六10:30~19:30
M Saint-Germain-des-Prés
U www.petitemendigote.fr

1、极富巴黎特色的橱窗。 2、印有法语单词的小包，每件售价为11欧元。 3、手拿包与各种款式、色彩的包包搭配展示。 4、附带小型化妆镜的小包，售价50欧元，而同款单肩包的售价是80欧元。 5、旅行包系列。 6、手提包，每件售价为75欧元。 7、这款拉链装饰小包是该品牌的特色设计之一。

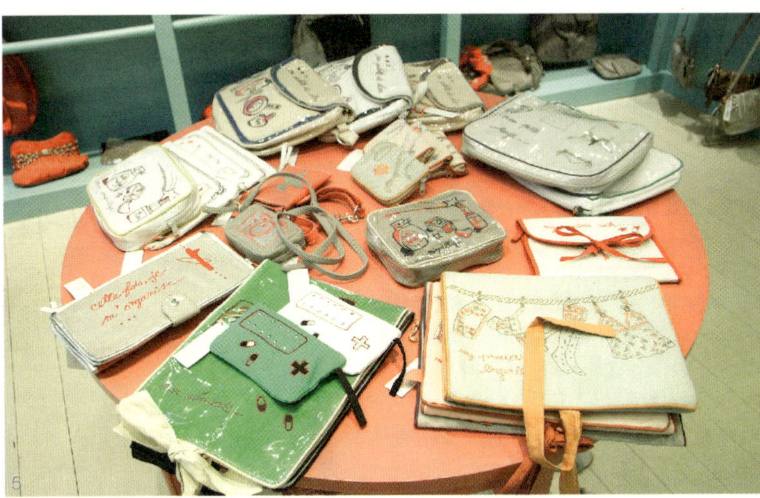

Lili Cabas

Lili Cabas

不可错过的Gaëlle Giard的作品

对于巴黎的购物狂们来说，巴黎第5区的Lili Cabas是一家既不过于通俗又颇具平民风格的店铺。这家店铺在讲究特色的巴黎女性中极具人气，绝对值得一看。这里不仅是一家店铺，也是设计师Gaëlle Giard的工作室，能够看到设计师本人从设计到缝制的全部过程。包包使用染色独特的意大利天然皮革，再搭配童心未泯的印花布里料。设计师还虚心接受老顾客们的意见与建议，将包包设计得更具功能性。阳光透过店铺正面的玻璃窗洒落进来，店铺内摆放着刚刚制作好的各式包包，楼上还不是传来缝纫机运转的声音。Gaëlle说：“正是这样的工作室模式让我能与顾客近距离交谈，而这种谈话最能给我带来设计上的启发。”有时间的话，希望你一定要去看看这家店铺。

A 24, rue des Petites Ecuries 75010 Paris
T 09 54 40 00 16
O 一一五11:30~19:30 六14:00~19:00
M Bonne Nouvelle,Château d'Eau
U www.lilicabas.com

1

2

3

4

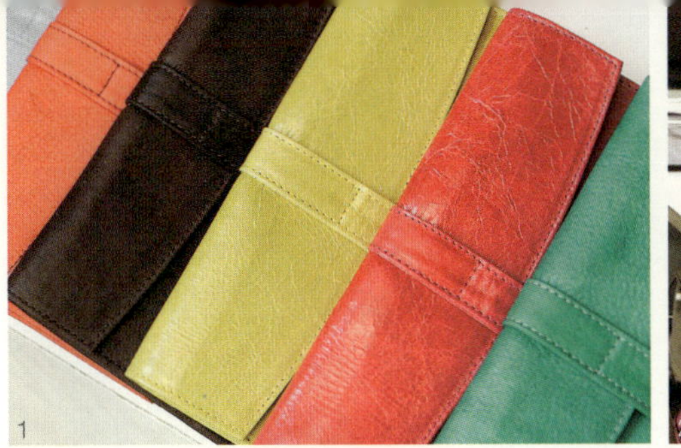

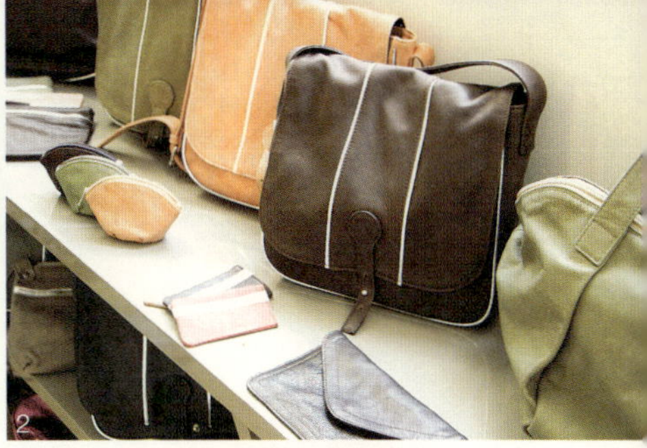

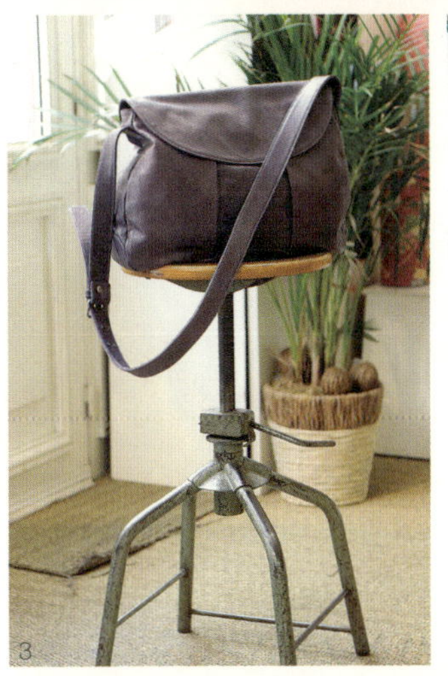

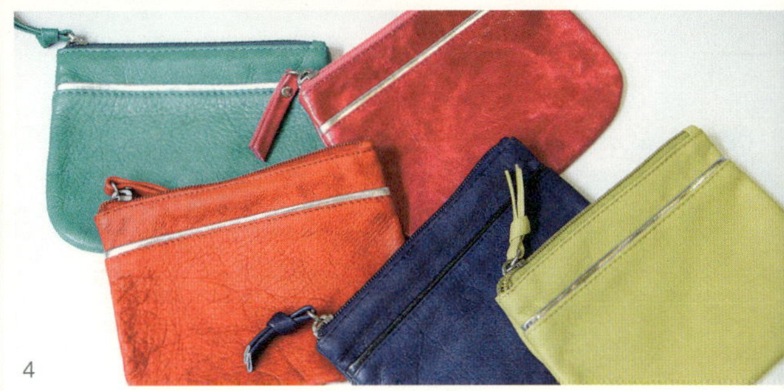

1.4、钱包选择与包包不同的颜色，也是一件乐事。每个钱包的售价均为82欧元，小包售价是32欧元。 2、这款包包自问世以来一直在生产，共有卡其、粉色、茶色三种颜色，每件售价为137欧元。 3、这款包包的尺寸能正好将文件放进去，很适合职业女性日常使用，售价187欧元。 5、临街的大玻璃窗，舒适的阳光洒落进店铺。右手的螺旋形楼梯直通二楼的工作室。

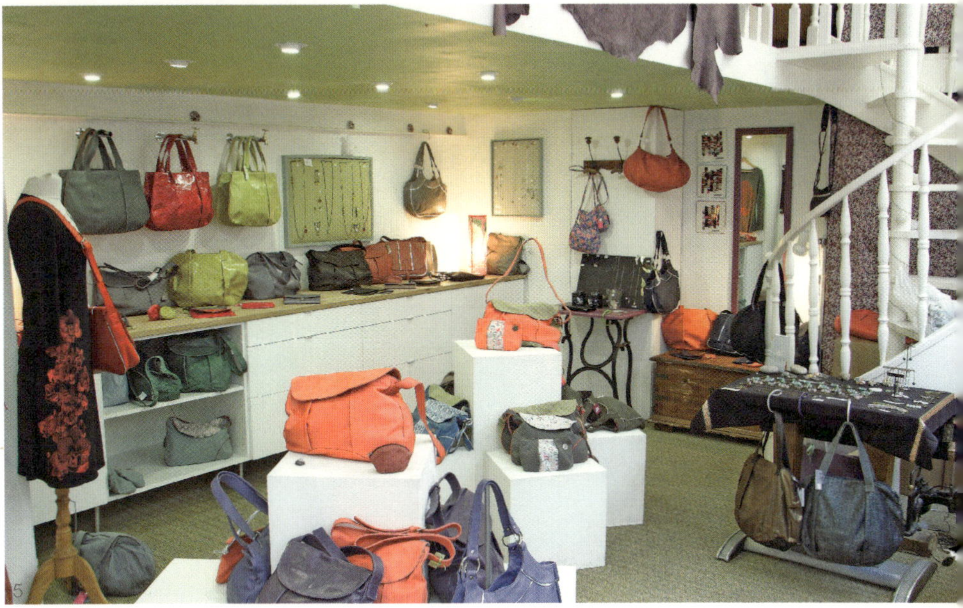
5

...by CS

在这家隐蔽的小店寻找最具特色的包

巴黎Saint Antoine区至今还保留了许多沿用古法从事手工制作的工房。在其边缘地区的一栋公寓里有包包设计师Caroline Seigle的工作室，她以“...by CS”为品牌，设计制作包包。她的作品将法国传统的设计图案与缎带柔和在一起，作品优雅又不失可爱，且极富功能性。该品牌从未进行过任何推广活动，只是在了解它的巴黎年轻女性中传播口碑。Caroline说：“虽然我们也在网络上销售，但是很多老客户还是会直接到店里来购买。”如果实现与主人预约，不仅能看到最新作品，还能看到店主的存货。走上木制楼梯，打开屋门的瞬间，不禁激动万分。一旦体会过在这种隐蔽的小店中购物的经历，你就想再体验一次。

A 3, rue Titon 75011 Paris
T 06 22 56 52 78
O 10:00～20:00 ※ 须提前一天预约
m Faidherbe Chaligny
U www.sacbycs.fr

1

3

2

1、这两款包包令“...by CS”在巴黎女生中名声鹊起，左侧一款售价为99欧元，而右侧一款售价109欧元。 2、中间的这款挎包是2009年新作，可两面使用，让人领略两种图案不同的美丽，售价89欧元。 3、设计师制作样型时使用的缝纫机，也可满足客户的定制需求。 4、提篮造型的手提包，售价分别为149欧元（大）和109欧元（小）。 5、手拿包，可以装护照、票据等，每件售价为45欧元。

4

5

Bis Morgen

Bis Morgen

若想寻宝，可到此一游

在时尚的巴黎第6区有一家小小的店铺，这就是Bis Morgen。这家店铺虽然有两层，但是整个店内面积不足30㎡。在这个狭小的空间里摆放的都是店主精心挑选的商品。在这里，你会发现无论颜色还是质地、款式都是极富个性、独一无二的包包。店主说：“我在这家店铺里只摆放那些能充分反映设计师设计灵魂的东西，让人一拿起这个东西就能感受到制作者的心思。”对于包包的选择，店主也是颇费了一番心思。“我认为包包是女人最好的朋友，每天与它朝夕相处，所以选择包包时，必须选择那些拿在手中就能让人满怀欣喜的作品。”她选择商品的好眼力，不仅在巴黎，就是在整个法国也受到女性朋友们的信赖。

A 17, rue des Quatre Vents 75006 Paris
T 01 46 33 44 01
O 二-六 11:00~19:00
M Odéon
U www.bismorgen.fr

1、皮革小包，让人禁不住想多买几个搭配衣服，其售价为90欧元。 2、灰色帆布搭配鲜艳的印花布，包带别致醒目，其售价为110欧元。 3、长方形棉布大手袋，色彩丰富，给人朝气蓬勃之感。 4、手工缝制的圆形皮革包，每件售价210欧元；长方形手提包的售价是138欧元。 5、店内展示，将商品根据颜色、款式进行搭配，富有节奏感。

brontibay

brontibay

巴黎情侣设计的女性包包

无论是否是节假日，玛黑区与巴士底区交界的区域总是熙熙攘攘。在这里，有一家店铺仅以其铺面的玻璃窗就足以让路人驻足。这就是Brontibay。年轻的设计师Olivier Naim与Penelope 邂逅在美丽的悉尼海边，陷入热恋，然后一起返回巴黎，创建了这个品牌。设计创造灵感来源于两人的巴黎生活经历。例如，在街头的咖啡厅约会时，无意间看见隔壁女孩儿脚上的靴子，便触发灵感，一件新款包包由此诞生。这对情侣设计制作的包包充满女性特质，极富迷人魅力，无论是款式还是颜色都透露出巴黎女性特有的气质。包包以意大利最上乘的皮革Plein de Fleurs为主要材质，辅以轻柔的绸缎和方便打理的尼龙材质。由于该品牌品质优良，价格合理，常常是新作一问世，就有老顾客一下子购买两三个。

A 6, rue de Sévigné 75004 Paris
T 01 42 76 90 80
O 一－六11:00～20:00 日13:30～19:30
M Saint-Paul
U www.brontibay.com

1

2

3

4

5

6

1、5、该品牌颜色丰富，顾客不知选择哪个是好的情形时有发生。这些包包每件售价均为225欧元。 2、今年的新作，可肩背、斜跨、手提，一发售就成为巴黎女孩的必备款，每件售价均为258欧元。 3、金属搭扣零钱包，可买给女友做旅行纪念品，每件售价均为15欧元。 4、色彩百搭的驼色包包，可做日常使用的手提包。 6、选用上乘皮革制作的卡包。

JEROME DREYFUSS

JEROME DREYFUSS

时尚界宠儿推荐的必备款

巴黎6区的Jacob街汇集了各种高级时装定制店、品牌专卖店等，JEROME DREYFUSS就位于其中的Jacob街。设计师Jérôme以其独特优雅的设计、大胆的剪裁而被誉为“时尚界的宠儿”。这家开张于2008年3月的店铺是其全球首家旗舰店。在这里，你可以欣赏到自2002年起专心制作各种小物件的设计师的藏品。自店铺开张以来，Jérôme本人也参与每一季的设计，可以说，这家店铺100%地展现了他的世界观。全部包包都是由匠人们手工制作，鲜艳的颜色来自植物性染料，采用产自法国的天然皮革，手感柔和得直教人惊讶！这里的包包真的是一旦拥有，就会被它俘虏。确实值得珍藏！

A 1, rue Jacob 75006 Paris
T 01 43 54 70 93
O 一~五11:00~14:00 15:00~19:00
M Mabillon,Saint-Germain-des-Prés
U www.jerome-dreyfuss.com

1

2

3

4

1、该品牌的经典之作，皮革制作，售价高达500欧元。 2、设计师每季都要参与设计的店铺展示。 3、染成各种颜色的帆布包，售价455欧元。 4、鲜绿色蛇皮纹与流苏边的印象搭配，售价高达515欧元。 5、天然染料带来的奢华感觉。左侧款售价300欧元，右侧款售价335欧元。 6、顾客可以将不同款式、不同颜色的包包逐一拿在手中尝试。

5

6

Sans-Arcidet

Sans-Arcidet

一年四季都能使用的拉菲亚包

拉菲亚（Raffia）包是时尚巴黎女生的必备款，无论是骄阳四射的炎炎夏日，还是幸福的连休假期，都能看到它们的身影。Sans-Arcidet作为一家专门经营这种包包的时尚店铺颇受巴黎女生的追捧。玛黑区聚集了许多独立品牌的店铺，Sans-Arcidet的雅致小店也居于其中。店铺内摆满了各种色彩缤纷的包包，它们全部产自马达加斯加，使用上乘的拉菲亚树纤维编制而成。一踏入这家店铺，就让人心跳不已。经营这家店铺的就是Sans-Arcidet家的三姐妹：居住在马达加斯加的大姐Coline负责设计；二妹Mirriam、三妹Celive则负责销售工作。除了椰叶，还使用皮革、棉布等天然素材。制造出的包包时尚漂亮，非常适合都市女性使用。每一款都色彩变化丰富，甚至有20种色彩变化。只是看一下，就让人觉得赏心悦目！

A 117, rue Vielle du Temple 75003 Paris
T 01 42 72 05 24
O 二 - 六 10:30～19:00
M Filles de Calvaires
U www.sans-arcidet.com

1、无论什么东西，都能统统装进去的大包包，售价120欧元。帽子的售价是80欧元，小包售价为85欧元。 2、在店铺一角，给顾客提供了包包与时装搭配的建议。 3、提篮型手提包，纯色、花卉图案、圆点图案等主题繁多，价格从70欧元起不等。 4、自然、单纯的颜色搭配怀旧的花卉设计。 5、拉菲亚与牛角的搭配，自然、雅致。

lollipops

Lollipops

当季梦幻漂亮包包大集合

在这条深受巴黎女性喜爱、颇具规模的购物街上，Lollipops是她们追捧的品牌之一。无论店铺开在哪里，Lollipops的奇幻女孩世界观风格总能在刹那间吸引住她们的目光。店内摆满了各种奇幻风格的包包，或是使用丝带与蕾丝装饰，或是手工串珠与亮片，或是各种花卉主题，整个店铺宛如一个宝盒。自从设计师Marjorie Mathieu自1994年以“让时尚更加贴近生活”为口号创建该品牌以来，短短15年内规模迅速壮大，已在欧洲开设了90家品牌专营店、1200个专柜。该品牌具有强大的创作能力，每年举办4次新品发布会，推出800款最新设计，牢牢吸引了爱好时尚新品的巴黎女生们的目光。想抓住巴黎的时尚风尚，就一定不要错过这家店铺。

A 2, rue des Rosiers 75004 Paris
T 01 42 77 43 75
O 一13:30～19:00 二-六10:30～19:00 日13:30～19:30
M Saint-Paul
U www.lollipops.fr

1、店铺内摆满了各式各样的包包。中间是黄色皮革系列，售价分别是95欧元（大）、82欧元（中）和28欧元（小）。 2、纽扣装饰的包包总能吸引顾客的目光，售价分别为75欧元（大）和58欧元（小）。 3、店铺展示也颇具巴黎风尚。 4、花卉主题包包。 5、各种颜色的皮革组合赏心悦目。 6、浪漫主义风格的链条包，售价为45欧元。

Les sacs d'aujourd'hui à Saint-Germain des Prés et rue Saint-Honoré

bleu roi · rayuré · gris · chic · girly · trapèze · vert · Louis Vuitton · American Apparel · Jérôme Dreyfuss · noir

在巴黎街头看到的各种包包

还想阅读更多与巴黎有关的创意好书吗？

请致电 0531-82098014 或发电邮至 whkai_1224@hotmail.com

《巴黎手作创意人》
Editions de paris 编著
叶子 译
定价：35.00 元
2008 年 1 月出版

《巴黎地铁杂货旅行》
Editions de paris 编著
尹宁 译
定价：35.00 元
2010 年 1 月出版

《巴黎·家的私设计》
Editions de paris 编著
尹宁 译
定价：35.00 元
2008 年 7 月出版

《巴黎·色彩魔法空间》
Editions de paris 编著
尹宁 译
定价：35.00 元
2009 年 7 月出版

《巴黎·私囊志》
Editions de paris 编著
吕凌燕 译
定价：35.00 元
2009 年 1 月出版

《巴黎·独立生活空间》
Editions de paris 编著
定价：35.00 元
2010 年 4 月出版

《巴黎女生的房间》

Editions de paris 编著

陈菁 译

定价：35.00 元

2010 年 7 月出版

《巴黎女生的浪漫细节》

Editions de paris 编著

定价：35.00 元

2011 年即将出版

《北欧·家的私设计》

Editions de paris 编著

刘然熙 译

定价：35.00 元

2011 年 1 月出版

《巴黎漂亮女生的秘密》

Editions de paris 编著

陈菁 译

定价：35.00 元

2010 年 10 月出版

《巴黎漂亮女生的秘密 2》

Editions de paris 编著

定价：35.00 元

2011 年即将出版

《巴黎个性工作空间》

Editions de paris 编著

燕子 译

定价：35.00 元

2010 年 3 月出版

图书在版编目（CIP）数据

巴黎女生·包包私设计 / 日本 Editions de Paris 出版社编著；孙萌萌译 .— 济南：山东人民出版社，2011.5

ISBN 978-7-209-05678-6

Ⅰ. 巴… Ⅱ. ①日… ②孙… Ⅲ. ①箱包—制作 Ⅳ. ①TS973.5

中国版本图书馆 CIP 数据核字（2011）第 045422 号

Photos Philippe Vaurès Santamaria
Tetsuya Tamiya
Mayuko
Coordination et stylisme Caroline Wietzel
Dominique Turbé
Coordination et textes Masae Takata
Junko Takasaki
Coordination Atsuko Tanaka
Design Coa Graphics
Rédaction Aï Suda
Takako Shimizu
Rédactrice en chef Yoshie Sakura
Editeur Kazuhiko Takaghi

Japanese title: Parijenne no baggu no himitsu by Editions de Paris

Original Japanese edition
Published by Editions de Paris Inc., Japan
http://www.editionsdeparis.com

山东省版权局著作权合同登记号 图字：15-2009-131

责任编辑 吴宏凯
装帧设计 鸟沢智沙 小麦
项目完成 吴宏凯工作室

巴黎女生·包包私设计
Editions de Paris 孙萌萌

山东出版集团
山东人民出版社出版发行
社 址 济南市胜利大街 39 号 邮政编码：250001
网 址 http://www.sd-book.com.cn
发 行 部 (0531)82098027 82098028
新华书店经销
三河市华东印刷有限公司
规 格 32 开 (148mm × 210mm)
印 张 3.5
字 数 40 千字
版 次 2011 年 5 月第 1 版
2018 年 2 月第 2 次
书 号 ISBN 978-7-209-05678-6
定 价 35.00 元

à très bientôt!